OBSERVATIONS NOUVELLES SUR LES PROPRIÉTÉS DE L'ALKALI FLUOR AMMONIACAL;

D'après quelques Expériences faites par M. B***
du Collège royal & Académie de Chirurgie de
Paris ;

Servant d'addition à celles qu'on a déja publiées sur le
même objet, dont on donne ici le résumé.

A PARIS,
DE L'IMPRIMERIE DE MONSIEUR.

M. DCC. LXXVIII.

OBSERVATIONS
NOUVELLES
SUR LES PROPRIETÉS
DE
L'ALKALI FLUOR
AMMONIACAL.

Tout concourt à démontrer qu'il exifte dans l'économie animale, ou conftitution phy-fique de l'homme, deux principes diftinêts, dont le concours produit ce qu'on appelle l'exiften-ce. Leur ceffation réciproque produit la mort.

L'un fe nomme *principe de vie*, ou *vital ;* & l'autre, *principe fenfitif*.

Le principe vital, ou animation, s'imprime

A

dès les entrailles de la mère ; mais le principe fenfitif, inhérent à nos organes, reçoit fon impulfion des agens extérieurs répandus dans la nature ; &, par fa réaction fur lui-même, il met en jeu les refforts du mécanifme de notre corps, d'où réfulte le mouvement facultatif.

On ne fauroit avancer que ces deux principes moteurs foient indépendans l'un de l'autre, car où il n'y auroit point de vie, le fentiment ne pourroit exifter, ni être imprimé par art ; mais une infinité de faits prouvent évidemment que fouvent le corps demeure intérieurement animé, lors même qu'il femble abfolument privé de la vie par la ceffation totale du fentiment & du mouvement.

Les fonctions apparentes de la chaleur naturelle peuvent avoir ceffé dans l'individu, fans qu'il ait ceffé d'exifter ; mais il ne pourroit refter durablement dans cet état défordonné fans s'éteindre. Il feroit difficile fans doute de déterminer la durée de fon exiftence, lorfqu'elle paroît annihilée, parce que plufieurs faits démontrent que des perfonnes font revenues à la vie après plufieurs jours de mort apparente, même après avoir été inhumées.

Si le principe vital ne peut être fuppléé par l'art, au moins eft - il vrai que celui - ci peut le rétablir au moment qu'il eft près d'expirer, & qu'il fe refufe à redonner l'énergie néceffaire au fentiment du refte de la machine, afin de la reftituer dans fes fonctions.

Notre efprit a peine à fe familiarifer avec les phénomènes extraordinaires, & pourtant journaliers, qui tantôt nous préfentent l'homme fuccombant fous les effets de caufes les moins capables en apparence de l'anéantir, & tantôt réfiftant à d'autres fi violens, qu'on ne pourroit fe figurer qu'il foit mortel, fi fa ftructure ne démontroit fa fragilité ; abftraction faite du laps de temps qui enfouit tout ce qu'il y a de deftructible dans la nature.

Notre corps peut exifter en fanté, malgré la privation du fentiment & du mouvement de quelques-unes de fes parties, même de plufieurs à-la-fois ; & elles font animées lors même qu'elles femblent privées de la vie, par la ceffation totale du fentiment & du mouvement. Les paralytiques, ceux qui ont un ou plufieurs membres atrophiés, ainfi que ceux qui en ont de retranchés, font foi que la régularité des fonctions & du mouvement dans toute l'étendue de l'individu, n'eft pas d'une abfolue néceffité pour fon exiftence, qu'il peut même durer long-temps dans l'atonie & la mutilation de quelques-unes de fes parties. Les apopleétiques, les afphyxiques, les léthargiques, les noyés, les moufetés, démontrent qu'on ne doit point juger de la ceffation de la vie d'un homme, par l'inertie accidentelle de toutes fes parties extérieures.

S'il eft donc vrai qu'il eft au deffus du pouvoir de l'homme de fuppléer au principe vital lorfqu'il eft éteint, au moins lui eft-il permis de lui rendre toute fon aétivité, lorfqu'il n'a pas la faculté de fe la procurer par le rétabliffement du principe fenfitif, quand il eft anéanti par des caufes étrangères. L'expérience prouve qu'il eft poffible de rappeler ce dernier à fes fonétions, toutes les fois que le premier n'a pas ceffé d'exifter, & par-là même éviter qu'il ne s'éteigne, lorfqu'on a lieu de l'efpérer le moins. L'art peut donc opérer une efpèce de réfurreétion, qui, dans des temps moins éclairés, pafferoit pour miraculeufe. C'eft l'objet que nous nous propofons de traiter par des exemples dans le cours de ces obfervations, comme plufieurs autres l'ont déja fait dans différens ouvrages publiés d'après des expériences particulières.

Souvent ceux dont le corps femble fubitement privé de la vie par la ceffation de tout fentiment, mouvement, & fonctions quelconques, qui font enfin réputés morts, même depuis plufieurs jours, font difpofés à reprendre leur énergie, fi l'art falutaire & bien dirigé vient à leur fecours. Le défaut des fonctions n'a rien qui doive étonner : n'étant que le réfultat du mouvement machinal, il eft naturel qu'elles reftent fufpendues pendant l'état d'apathie de l'individu. Il peut refter ainfi fort long-temps fans fe corrompre, dans l'état d'inaction où l'a laiffé l'accident qui l'a privé du mouvement, difpofé à le reprendre au moment que quelque impulfion favorable viendra le tirer de fa léthargie, & le rappeler à la vie.

Ainfi, nous ne devons préfumer qu'un homme eft mort irrévocablement, que dans le cas où fes organes font radicalement affectés, détériorés, ou détruits; ou bien qu'étant fortement léfés, il n'eft plus poffible de les réparer, ni d'éviter la perte totale des fubftances nutritives qu'ils contiennent, ou enfin de les débarraffer de celles qui y font trop volumineufes & hétérogènes. Dans tous les autres cas, on doit tenter jufqu'à l'impoffible; & jamais la ceffation des fonctions animales ne doit mettre obftacle aux fecours que l'homme réputé mort peut recevoir d'un génie bienfaifant

A iij

& éclairé, incapable de fe rebuter, lors même qu'il défefpère que fes foins puiffent devenir fructueux.

Il eft bien étrange, & en même temps bien malheureux pour l'efpèce humaine, que, depuis des fiècles, parmi ceux qui fe font adonnés à l'étude importante & honorable de tout ce qui peut contribuer à la confervation de leurs femblables, qui fe font fait une réputation diftinguée dans l'art de guérir, & ont même écrit des volumes immenfes de règles pratiques & théoriques pour la cure des maladies; il eft, dis-je, bien étrange qu'aucun n'ait conçu ni recherché un moyen fimple, mais efficace, pour rendre la vie à des milliers d'individus, qui n'attendoient, pour reffufciter, que quelques gouttes d'un fluide fpiritueux, artiftement féparé des fubftances les plus viles, je veux dire, l'*efprit volatil-ammoniacal*.

Sans vouloir ici ternir la gloire de nos anciens maîtres, ni les priver des éloges dus à leur zèle & aux utiles inftructions qu'ils nous ont données, convenons que l'art iatrique réduit en fyftême, & affujetti aux règles fcolaftiques qu'il n'eft pas permis d'enfreindre fans s'expofer au blâme, quoique fouvent les lumières de l'expérience démontrent le danger qu'il y a de ne pas s'en écarter dans de certaines circonſtances ; convenons , dis-je, que cet art a ſouvent apporté plus de préjudice à la ſociété, que de reſſources ſalutaires à ſa conſervation. A voir même les écarts dans leſquels on eſt tombé , & contre leſquels Primeroſe & Joubert ſe ſont élevés en vrais citoyens, il ſembleroit qu'on a plutôt cherché à s'éloigner , qu'à ſe rapprocher du but de la guériſon qu'il s'agiſſoit d'atteindre. On s'eſt formé des idées giganteſques ſur les plus petites maladies , & on a fait un échafaudage de traitemens ſi étendu, qu'il échappe à la ſphère de l'entendement humain , & ne lui préſente qu'un chaos informe de raiſonnemens ambigus, qu'un labyrinthe d'erreurs , de fauſſes ſpéculations , & de procédés ſouvent contraires à la nature & aux maladies qui l'affeſtent. Les premiers préceptes fondamentaux preſcrits, & qui ſervent comme de cheval de bataille pour toute eſpèce de maladie , ſont préciſément ſouvent les plus pernicieux ; je veux dire, les ſaignées, preſque toujours abuſivement répétées, & l'uſage des boiſſons de faltranc (*a*), auſſi ignoramment mixtionnées qu'adminiſtrées.

(*a*) Mélange de pluſieurs Plantes , connu ſous le nom de *vulnéraires Suiſſes.*

Quelles triftes reffources pour les jeunes gens de l'art, que ces volumes énormes de documens obfcurs, & quelquefois contradiétoires ! Quelles fombres lumières pour éclairer leur marche dans la recherche de la connoiffance du dédale du corps humain, lorfqu'ils entreprennent d'y porter le premier pas ! Armés des foudres redoutables des grands maîtres de l'art, ils attaquent, indiftinétement d'âge & de fexe, l'ennemi aux prifes avec la nature, fans confulter fa qualité, ni l'état des forces des combattans. Ils entrent dans la mêlée avec leurs prétendues armes falutaires, & commencent par verfer, fans ménagement, le fang de celui qu'ils veulent fauver, perfuadés, d'après leurs inftruétions, qu'il eft l'auteur primordial de la rebellion qui donne lieu à la guerre. On foutient le combat par de nombreufes cohortes de breuvages faltrantiques, de drogues auffi rebutantes que pernicieufes. Leur pefanteur, leurs qualités nuifibles, ordinairement mal connues & mal indiquées, achèvent d'épuifer la nature, dont les efforts feuls auroient triomphé du mal, fi on l'avoit mieux confultée avant d'agir, & qu'au-lieu de l'affommer, on fe fût occupé du foin de la fortifier.

Renonçons donc pour jamais au formulaire

dangereux d'une routine aveugle, dicté fous l'empire de l'ignorance & du préjugé ; & convaincus de fon infuffifance, fixons toute notre attention fur les précieufes découvertes & les connoiffances utiles que nous ont acquifes, depuis un demi-fiècle, la Phyfique, l'Anatomie, l'Electricité, la Chymie, &c., & fur la falutaire application qu'en ont faite quelques hommes de génie, vraiment patriotes, en laiffant à l'écart tout le faltranc que la cupidité & l'empirifme ont enfanté pour le malheur & la deftruction du genre humain.

Non, l'art de guérir ne peut être affujetti aux lois didactiques de l'école, ni à un protocole uniforme pour tous les genres de maladies. Tout homme qui fe livre à cet art, doit, avant d'opérer, avoir appris à méditer fur la conftitution humaine, & fur les caufes vicieufes qui en peuvent déranger l'harmonie, afin d'y proportionner la dofe & la qualité des remèdes néceffaires pour y rétablir l'équilibre. Ce n'eft point en fe formant une idée monftrueufe de l'ennemi qu'il a à repouffer, ni en employant des moyens plus monftrueux encore, qu'il en viendra à bout. Dans les cas même les plus graves, les plus fimples feront toujours les plus efficaces, s'il a l'intelligence fuffifante pour les bien choifir & modifier, pour les adminiftrer dans toute leur activité. La plus grande partie des maladies, peu dangereufes dans leur principe, ne deviennent fouvent mortelles, que faute d'avoir été vues & traitées pour ce qu'elles font. La grande magie confifte à favoir fuivre ces Protées dans toutes leurs métamorphofes ou variations fucceffives, à laiffer agir la nature quand elle agit, à l'aider quand elle ne peut pas, & à la contenir quand elle agit trop. Le corps eft-il engorgé de plénitude ? débarraffons-le du fuperflu par la diète & les délayans. Eft-il affoibli par l'âge, la fatigue, ou la perte des fubftances ? fortifions-le. Y a-t-il efferveſcence dans les humeurs ? verfons l'eau en abondance & les calmans fur le feu qui s'embrafe : enfin, neutralifons les acides par les alkalins, & les alkalins par les acides, &c. &c.; mais n'altérons jamais abufivement les refforts & les principes du mouvement néceffaire aux organes, pour délivrer l'individu de la caufe vicieufe qui l'opprime.

Les fuccès de ceux qui, fubftituant aujourd'hui le réfultat des expériences & de la réflexion, aux pratiques aveugles de l'ancienne routine, atteignent au but defiré de la guérifon

des maladies, par des voies plus promptes &
plus fûres, doivent nous convaincre que la
manière la plus univerfellement adoptée, fur
la foi du préjugé, ne doit ni ne peut fervir de
règle; & que les moyens généraux prefcrits,
fi l'on en retranche ou modère l'emploi avec
fagacité, ne préfenteront jamais des reffources
efficaces pour la confervation des hommes.
Quels prodiges ne voyons-nous pas réfulter
des routes nouvelles que nous ont tracées quelques modernes ? Quels nuages ne fe diffipent
pas devant le fyftême de l'inoculation, en nous
découvrant le chaos d'erreurs où le traitement
confacré de la petite vérole nous tenoit, depuis que cette maladie exerce fes ravages dans
notre continent ?

La précieufe découverte du régime, de faire
promener & changer l'air des appartemens de
ceux qui l'ont, naturellement ou par art, rend
indifférent qu'on la donne ou non aux jeunes
gens, pourvu que les perfonnes de l'art
veuillent fe dépouiller des préjugés anti-
ques. Une feule confidération doit déterminer les mères curieufes de conferver à
leurs filles les graces de la figure, qui font un
des principaux apanages du fexe, à les faire
inoculer préférablement aux garçons. Mais je

préviens qu'une feule inoculation ne met pas toujours à l'abri d'une feconde petite vérole ; perfonne d'inftruit n'ignore qu'on peut l'avoir naturellement jufqu'à deux fois , indépendamment de la rougeole.

A tant de progrès faits dans l'art de guérir , ajoutons ceux qu'on fait journellement pour rappeler à la vie les noyés , les afphyxiques, les apopleétiques , ceux qui font mordus par des ferpens ou reptiles venimeux , bleffés par des armes empoifonnées avec des fucs d'arbres ou de plantes, ou enfin par des préparations qui rendent mortelles les bleffures de ces armes. Le même agent , l'*alkali-volatil-fluor*, qui opère ces guérifons diverfes , peut - être nous fournira-t-il auffi un fpécifique précieux contre la rage. En attendant, je vais expofer les effets falutaires que j'en ai tirés , & vu opérer, depuis la découverte qu'en fit en 1747, le 25 juillet, M. Bernard de Juffieu , un des plus grands Naturaliftes que l'Europe ait produits , pour guérir ceux qui font mordus de la vipère , le feul reptile, avec le fcorpion , qui foit venimeux & digne d'attention en France , & dont les effets foient redoutables.

En 1752 , une maladie épidémique putride caufoit des rechutes affez fréquentes , après quelque temps de convalefcence, à ceux qui en avoient été attaqués & guéris. Cette rechute commençoit par des friffons très-forts & longs, qui étoient fuivis d'une fièvre continue avec redoublemens. Le quinquina en fufpendoit quelquefois les accès, mais plus fréquemment ils revenoient. Ayant conçu que ces rechutes avoient pour principe un acide volatil fermentatif, je n'héfitai pas, au commencement du friffon, de donner 5, 7, & jufqu'à 10 gouttes d'*alkali-fluor*, dans quelques cuillerées d'eau. Je ne tardai pas à m'appercevoir que le friffon diminuoit, & ceffoit fur le champ, ou peu d'inftans après avoir pris de l'alkali. Alors l'accès étoit peu confidérable, & fe terminoit par une fueur très-abondante, qui finiffoit la guérifon : rarement en falloit-il deux ou trois dofes pour l'obtenir. D'après ces premières épreuves, il a été donné avec grand fuccès dans une infinité de fièvres d'accès, ainfi que dans les fièvres intermittentes, au moment que le friffon doit commencer. Ce remède l'abrège, & fouvent quelques prifes emportent la fièvre, fans autres moyens.

Je lui ai vu opérer des effets merveilleux dans beaucoup d'indifpofitions, dont les caufes font infenfibles & équivoques, lorfqu'elles

caufent du mal-aife, des courbatures, des friffons irréguliers, des maux de tête opiniâtres
& violens. Il a les mêmes propriétés pour les
animaux malades, qu'un gonflement fubit fuf-
foque, & fait périr promptement.

En 1762, une femme attaquée depuis fix
mois d'une goutte fciatique, étoit continuel-
lement alitée. On ne pouvoit la remuer dans
fon lit, la lever ni retourner, qu'avec des dou-
leurs très-vives. Ne repofant prefque jamais,
& toujours fouffrante, elle avoit épuifé inuti-
lement les reffources de plufieurs perfonnes de
l'art, même celles de l'exécuteur de la haute
juftice, & d'une infinité de bonnes femmes.
Quelques dofes d'*alkali-fluor* pris deux fois le
jour, diffipèrent la caufe de cette cruelle &
longue maladie. Il lui refta feulement un peu
de claudication de la jambe gauche, dont l'a-
ponévrofe du *fascia-lata* l'avoit horriblement
tiraillée & fait fouffrir pendant le long cours
de fa maladie.

Le 23 feptembre 1756, un pierreux de dif-
tinction fut taillé. Le tiffu cellulaire du périnée, qui étoit fort lâche, ainfi que le corps
graiffeux qui l'environne, s'infiltrèrent pendant la nuit qui fuivit l'opération. La flaccidité
de ces parties facilita l'infiltration fort avant

dans le baffin. La réfolution & le dégorge-ment n'ayant pu s'en faire par l'ouverture de la taille, le périnée fe tendit, la plaie devint sèche, fes bords & fon trajet livides; le pouls plein, les yeux fixes, la parole perdue, la tête prife d'une affection comateufe, tout fon corps refta immobile. Il prenoit néanmoins fon bouillon & quelques boiffons fans goût ni fentiment, lâchant les urines fans aucun figne d'impreffion fur la plaie de la taille.

Dans cette trifte pofition, les confultans con-férèrent des moyens à prendre fur cet état fu-nefte. Un chirurgien démontra que l'état du ma-lade procédoit de la réforption de l'épanche-ment fanguin vers le cerveau, ce dont tout le monde convint; qu'il falloit abfolument l'y combattre & l'en déloger, en le chaffant vers la fuperficie du corps & les voies excrétoires; que pour l'opérer promptement, & avec fuccès, il falloit y procéder avec un remède énergi-que, tel que l'alkali-fluor, donné à fortes dofes par la bouche; en même temps qu'il en feroit injecté dans la plaie, dans un véhicule ap-proprié, de quatre heures en quatre heures.

Ce traitement fut unanimement adopté, & fur le champ mis à exécution. On envoya chercher de l'alkali-fluor ordinaire pour compofer l'injection, & de l'aromatique huileux de Sylvius, pour le donner par la bouche avec de l'eau. Le véhicule pour l'injection, fut une forte décoction de *chamaras* (*a*), qu'on faturoit d'alkali-fluor, jufqu'à ce qu'elle fît affez d'impreffion fur le bout de la langue, fans la bleffer. Les deux ou trois premières injections ne causèrent aucune impreffion fenfible fur le malade, mais les fuivantes commencèrent à l'importuner, ce qu'il manifefta par des mouvemens du corps, qui étoit refté immobile jufqu'à cette époque. Elle devint fi fenfible, qu'il fallut diminuer l'alkali. Peu de temps après, le malade commença à balbutier quelques mots fans fuite; enfin, l'impreffion infupportable que l'injection faifoit fur la plaie, obligea de fupprimer l'alkali. Celui qu'on donnoit intérieurement fut éloigné, & les dofes diminuées. La décoction de *chamaras*, animée d'un huitième d'eau-de-vie, fut continuée. A ce nouveau traitement on ajouta le kinkina à fortes dofes. Le cinquième jour au panfement du foir, nous vîmes le malade fortir de fon *coma*, & nous faire une hiftoire très-fuivie & très-plaifante. Sa plaie étoit déja humecté e

---

(*a*) C'eft le vrai *Scordium.*

&

& la fuppuration ne tardant pas à s'établir enfin
fe termina. La plaie fe confolida. Il fut parfaitement guéri de fa taille, & n'eft mort que
douze ans après fon opération.

Il eft certain que fans la connoiffance phyfique de la caufe de l'état dangereux où le malade avoit été réduit, & de la propriété de
l'alkali-fluor pour combattre les effets pernicieux du fang épanché hors des vaiffeaux, &
pour rendre le fentiment aux organes qui l'ont
perdu, ce taillé feroit mort. L'obfervation fuivante prouve encore plus évidemment fa propriété pour réfoudre & combattre le fang épanché hors de fes voies, & redonner le ton aux
organes qui le perdent fortuitement, ou par
l'effet de quelque caufe violente.

Un compagnon maçon, âgé d'environ qua-
rante-trois ans, tomba fur des moëlons, de
plus haut que le quatrième étage, par l'ouverture deftinée à la place de l'efcalier de la mai-
fon où a logé le roi de Danemarck, au coin
des rues Jacob & Saint-Benoît. La percuffion
qu'il éprouva au moment de la chute, lui ôta
le fentiment & le mouvement de tout le corps.
Ses camarades étant venus à fon fecours, l'en-
levèrent, & le portèrent, à tout évènement,
à l'hôpital de la Charité, où il fut couché

B

dans la falle de la Vierge. On lui fit adminiftrer l'Extrême-Onction fur le champ, & peu de temps après, ouvrir la veine au bras, d'où il ne put couler que très-peu de fang. On jugea qu'il devoit perdre inceffamment le peu de chaleur qu'on lui remarquoit, d'autant plus qu'on ne pouvoit rien lui faire avaler.

Le lendemain, faifant le panfement, & ayant demandé à le voir, je lui trouvai les yeux ouverts, affez clairs, mais fixes & inanimés. Ayant approché tout contre une lumière, je ne remarquai aucun mouvement à leurs pupilles, non plus qu'aux paupières. La chandelle portée contre fes lèvres, que le bleffé tenoit ouvertes, ainfi que la boûche, je n'obfervai aucune vacillation dans fa flamme, d'où je conclus qu'il ne faifoit aucune expiration ni afpiration d'air. Je lui foulevai la tête, qui retomba auffitôt. Ses bras & fes mains n'avoient aucune action, & retomboient de même dès qu'on les lâchoit, comme celles d'un corps qui vient d'expirer. Je tâtai fon pouls, que je ne rencontrai nulle part d'abord; mais, après plufieurs fecondes de preffion graduée, je fentis qu'il pulfoit légèrement. Ayant pefé un peu plus fur l'artère, & bien obfervé que ce n'étoit pas celle de mes doigts, je fus convaincu

que les foibles pulfations que je fentois, venoient du pouls du malade. Je fus étonné de
la régularité & du peu de fréquence que je remarquai aux pouls , vu l'état affreux que pré-
fentoit tout le refte de la machine. D'après
cette obfervation , je formai le projet de donner du fecours à cèt infortuné , quoiqu'il parût
à tous les affiftans qu'il ne pouvoit revenir à
la vie par aucun moyen humain.

Je commençai par le nettoyer,& lui ôter tout
le fang défféché fur la face , aux fourcils , aux
cils , dans le nez , les oreilles , la bouche &
l'arrière-bouche. Cette befogne dura une heu-
re , & je ne parvins à humeéter & enlever les
caillots de fang defféché,qui en tapiffoient les cavités, qu'à force d'injeétions avec du vin chaud.

En examinant enfuite les effets qui réful-
toient de fa chute , je remarquai qu'il avoit
une plaie de quatre doigts de longueur au cuir
chevelu , obliquement fur la partie antérieure
fupérieure du pariétal droit , & que l'os n'é-
toit découvert que dans quelques points de fa
furface , fans être intéreffé ni déplacé , non
plus que le refte de ceux du crane. Les fourcils & les paupières fupérieures étoient fen-
dues perpendiculairement à leur centre. Les
plaies des fourcils pénétroient jufqu'à l'os ,

mais celles des paupières fe bornoient aux té-
gumens. L'os de la pommette gauche étoit
fracturé & enfoncé, ainfi que ceux du nez. Le
milieu des deux lèvres divifé en forme de de-
mi-bec de lièvre. Les quatre dents incifives
renverfées en dedans, & leurs alvéoles frac-
turées. Une fracture complète & compliquée
à la partie moyenne inférieure de la jambe gauche; une infinité de contufions avec de grandes ecchymofes, fur toutes les parties du devant du corps. Le fang avoit coulé à grands
flots par les oreilles, le nez & la bouche, au
rapport de ceux qui le relevèrent de l'endroit
où il étoit tombé, & pendant tout le trajet,
jufqu'à ce qu'il fut couché à l'hôpital.

L'infenfibilité, & la perte du mouvement
de toutes les parties externes de fon corps, me
parurent mériter, entre toutes les autres indi-
cations, la plus férieufe attention. Dans un
cas auffi grave, il falloit effentiellement, avant
tout, rendre le mouvement annihilé à la machine. A ce défaut, il ne reftoit aucun efpoir de
fauver le malade. Je fixai toute mon attention à
cet objet important, qui ne pouvoit plus fouffrir aucun retardement fans le plus grand danger; & n'ayant perfonne alors pour confulter,
je m'arrêtai fur le remède qui, par fa qualité

& propriété, pouvoit l'opérer. Il me parut que l'alkali volatil fluor feul devoit remplir complétement mes intentions. J'en envoyai fur le champ chercher un flacon à l'apothicai-rerie, & je donnai la préférence à celui connu fous la dénomination d'*eau de Luce*, comme étant le plus favonneux, & par conféquent moins irritant. J'en verfai cinq ou fix gouttes dans deux cuillerées d'eau, que je portai avec une cuiller au fond de la bouche du ma-lade, pendant qu'avec l'autre main je lui agitois doucement les organes de la dégluti-tion, afin d'en faire defcendre le plus que je pourrois dans l'œfophage. Pendant cette opé-ration, je n'apperçus, non plus que les affif-tans, aucun mouvement déglutatif, ni aucun veftige de la liqueur répandue au dehors. Quel-ques minutes après, je répétai le remède; &, l'ayant porté au fond de la bouche, j'appercus avec joie un peu de mouvement au gofier, qui fut remarqué auffi des fpectateurs; &, à fa fa-veur, la liqueur fut promptement déglutée.

Je prefcrivis à l'élève de garde, de donner de trois heures en trois heures, dans de l'eau ou du bouillon, depuis cinq jufqu'à huit gout-tes d'alkali fluor, de l'exécuter d'abord dans quatre cuillerées, & d'augmenter le véhicule à

mesure qu'il verroit plus de facilité dans le malade à l'avaler. Je vis au panfement du foir, que
cette faculté étoit la feule qu'il eût recouvrée ;
mais comme je l'eftimois la plus importante ,
je commençai d'en bien augurer. Les dofes de
bouillon & d'eau furent augmentées pendant
la nuit ; & le malade , la bouche béante , ava-
loit ces boiffons verfées à fon fond à la faveur
d'un biberon.

Au panfement du lendemain matin, je trouvai le malade dans l'état d'apathie où je l'a-
vois laiffé la veille. Il y refta jufqu'à la nuit
fuivante , qu'il commença de remuer la tête
& les yeux. Je remarquai le troifième jour, au
panfement du matin, qu'il les avoit plus ani-
més & plus hagards, & fembloit menacer ceux
qui lui donnoient fa boiffon alkaline. Il fut dé-
cidé, à la confultation, de continuer le traitement ordinaire. Son pouls, au panfement du
foir, me parut fortifié ; l'artère fe dilatoit avec
plus de foupleffe, quoiqu'elle eût acquis plus
de fréquence. J'apperçus un peu plus de facilité dans les mouvemens de la tête : fes bras
& fes mains commençoient à agir un peu ; mais
l'ayant foulevé , fon corps retomboit auffitôt
fur fon oreiller. Le même traitement fut continué. Au panfement du quatrième jour au ma-

tin, j'obfervai qu'il avoit acquis plus de faculté dans le mouvement des yeux, de la tête,
des bras & des mains, & lui entendis balbutier
quelques paroles mal articulées & inintelligi-
bles. Je vis même, en examinant fon corps,
qu'il avoit uriné pour la première fois dans
le lit.

Le même foir, fa voix & les mouvemens
de fes membres étoient fenfiblement augmen-
tés. Il commençoit de happer avec fes mains;
mais fon tronc reftoit toujours immobile, &
retomboit comme une maffe, lorfqu'on l'éle-
voit de deffus fa couche. Le même traitement
fut continué. Pendant la nuit, il acquit quelques facultés plus grandes, mais momentanées,
car il défit fes appareils. Nous le trouvâmes, au
panfement du cinquième au matin, la jambe
de la fracture croifée fur l'autre, où il avoit
laiffé un emplâtre de ftyrax qui la contint en
place, malgré qu'il eût défait & ôté tout le
refte de l'appareil : il avoit auffi ôté celui de
fes lèvres. Au premier afpect du dérangement
de fes appareils, & du peu de progrès que nous
remarquâmes dans fes facultés & mouvemens,
nous ne pûmes nous perfuader qu'il en fût l'auteur, fur-tout d'avoir défait l'appareil de fa
fracture; mais nous étant enquis des malades

fes voifins, & des gardes de la nuit, de ce qui avoit pu donner lieu au défordre où il étoit, chacun d'eux protefta que perfonne n'y avoit coopéré. Je refis fes appareils, & fixai avec un lacs fa jambe fraaurée, au bas de fon lit, afin de prévenir toute récidive de fa part. Le mouvement de fes mains fut borné avec des lacs fixés au côté du lit pour le même objet, & il fut prefcrit de l'obferver, & de continuer le traitement ordinaire. Son état fut, le fixième au matin, à peu près le même, excepté qu'il articuloit mieux, & s'exprimoit plus fenfiblement & avec plus de volubilité; mais ce n'étoit que par intervalles, car il retomboit dans l'affaiffement, après quelques balbutiages & accès de mouvement. Comme il n'avoit pas évacué depuis fon entrée à l'hôpital, on lui donna un lavement d'eau avec quinze gouttes d'alkali fluor, dont l'effet apparent fe réduifit à peu de chofe.

Le fentiment & le mouvement croiffoient vifiblement, à mefure que l'alkali vivifioit les organes, & diffolvoit tout ce qui arrêtoit leur mécanifme & leurs fonaions. L'orgafme de la machine augmentoit, mais il ne s'opéroit pas affez parfaitement pour diminuer la dofe du remède, & encore moins le fupprimer. Il fut continué fur le même pied les jours fuivans.

L'agitation, la parole & les mouvemens du corps devinrent plus fenfibles; le malade s'emportoit & juroit contre ceux qui lui donnoient des fecours. Le neuvième jour, il eut un tranfport violent. L'action de fes mains étoit forte; il empoignoit avec vigueur fes couvertures, & les renverfoit. Il fe levoit feul fur fon féant, & articuloit bien diftinctement un torrent d'injures contre ceux qui paroiffoient à fon lit. Il tentoit fréquemment de fe lever pour en fortir, mais il s'y trouvoit retenu par les liens qu'on avoit eu la précaution de lui paffer aux pieds & aux mains. Il fallut même alors lui paffer une fangle fur le milieu du tronc, pour l'obliger de fe tenir couché. La violence de cet état fembloit préfager quelque fuite funefte, mais tout tendoit à l'objet defiré, qui étoit la reftitution du fentiment & du mouvement annihilés.

A cette époque, les dofes d'alkali furent diminuées & éloignées. Le délire augmenta infenfiblement jufqu'au douzième jour, & diminua de même jufqu'au dix-huitième de la chute, qu'il ceffa entièrement. Alors le malade fut tranquille; fa raifon, le fentiment &

le mouvement de toute la machine fe réta-
blirent parfaitement. Les fonctions des organes reprirent leur cours ; les plaies devinrent
belles, & fuppurèrent ; les ecchymofes fe diffipèrent : les os fracturés furent remis en fituation ; le cal fe fit , & tout fe termina par un
dépôt critique au gros orteil du pied de la
jambe fracturée. Sept femaines après, le malade fortit de l'hôpital , pour aller vaquer à
fes occupations ordinaires , & rendre la vie à
fix enfans qu'il avoit. Je l'ai vu une année après
fon rétabliffement , fe portant très-bien , &
travaillant à la conftruction de la porte d'entrée du Palais-Royal.

On nous pardonnera de nous être un peu
étendu fur toutes les circonftances du traitement que nous avons entrepris & fuivi, du
malheureux dont nous venons de rapporter
l'heureufe guérifon. Nous les avons crus en
grande partie néceffaires à l'inftruction des jeunes gens , & pour exciter le zèle & l'émulation
de ceux qui , dans de pareilles circonftances ,
pourroient fe décourager, & dont toute efpé-
rance de réuffite feroit déconcertée à la vue des
difficultés que préfente un fpectacle de cette
nature. L'exemple fuivant ne fervira encore
qu'à les fortifier.

Au n°. 7 de la falle de la Vierge, dans le même hôpital de la Charité, fut couché en 1767 un machinifte de l'opéra, âgé d'environ quarante ans. Tombé du haut du théâtre dans une des ouvertures fouterraines, garnie de bancs & planches de fupport, tout fon corps étoit contus, & prefque ecchymofé du côté gauche. Le quart du cuir chevelu antérieurement & du même côté, fut exactement enlevé, & renverfé fur le côté de la face, jufques & compris la partie fupérieure des attaches de l'oreille, où le péricrâne étoit déchiré & enlevé dans plufieurs endroits, & fingulièrement fur le pariétal, de la largeur d'un écu. Une plaie tranfverfale fur le tendon extenfeur du gros orteil du pied droit : fon fang avoit coulé par les oreilles, la bouche & le nez. L'état comateux où il étoit, ainfi que la diminution du fentiment & du mouvement de fes membres, ne laiffoit aucun doute qu'il n'y eût épanchement dans la tête.

Après avoir étuvé & lavé, ôté les ordures & les cheveux impliqués dans le péricrâne refté fur les os, & le lambeau de cuir chevelu renverfé, il fut remis en fituation, & contenu à la faveur de plufieurs bandelettes ointes avec la colle *acétimone* (*a*), qui l'affujettirent avec toute la précifion poffible. On donna immédiatement après fix gouttes d'alkali fluor, dans trois cuillerées d'eau, qu'on répétoit cinq & fix fois dans les vingt-quatre heures. L'affection comateufe fe diffipa ; les ecchymofes difparurent ; le lambeau du cuir chevelu s'adhéra, & fes bords fe cicatrisèrent ; & enfin la maladie fe termina par un petit dépôt critique au gros orteil du pied gauche, & le malade fortit de l'hôpital, parfaitement guéri, vingt-fix jours après fa chute.

Je me difpenferai de rapporter une infinité d'autres faits à peu près du même genre. Ceux qu'on vient d'expofer, fuffifent pour prouver qu'on doit confidérer l'alkali-fluor-ammoniacal, indépendamment de toutes les propriétés qu'on lui remarque depuis peu, comme un fpécifique fouverain pour diffoudre le fang épanché dans les cavités, ainfi que celui qui s'infiltre dans le tiffu cellulaire & les graiffes, pour rendre le ton aux parties contufes, tombées dans l'inertie ; & qu'il eft en même temps un défenfif certain contre les effets périlleux

---

(*a*) Gomme ammoniaque diffoute dans le vinaigre.

de ce même fang extravafé & putréfié, lorfque la réforption s'en fait fur les parties nobles du corps. D'après ces exemples , les jeunes gens de l'art n'héfiteront point fur la falutaire application qu'ils en pourront faire en faveur des malheureux , au fecours defquels ils fe trouveront appelés.

Les deux derniers bleffés , qui font le principal fujet de nos obfervations , avoient du fang extravafé dans la cavité du crâne. Ils étoient inconteftablement dans le cas décrit, où la plupart des praticiens préfcrivent le trépan, afin de donner iffue au fang épanché , & par-là préferver le malade des effets funeftes qu'il occafionne , non-feulement par fa préfence , mais encore par fa perverfion maligne, dont les fuites font mortelles au moment qu'il eft réforbé, & rentré dans le torrent de la circulation.

L'ufage de l'alkali-fluor qui pourvoit à tous ces accidens , doit nous faire rejeter , autant qu'il eft poffible de s'en difpenfer, cette opération toujours très-dangereufe par elle-même, fi bien faite qu'elle foit, laiffant des incommodités après la guérifon, fi toutefois on eft affez heureux pour l'obtenir. Souvent elle devient inutile, vu qu'on ne rencontre pas le fang épanché fous les os qu'on a perforés avec la cou-

ronne du trépan, n'ayant pas affez de fignes ca-
ractériftiques pour décider le lieu de l'épanchement, avec cette précifion qui feroit néceffaire, lorfqu'il s'agit d'une opération auffi grave,
& dont on a cruellement abufé dans des temps
moins éclairés.

Quel malheur pour l'opérateur, ainfi que
pour le malade, lorfque l'épanchement eft du
côté oppofé à celui que l'on préfumoit ! quelle
doit être la répugnance du premier à recom-
mencer une nouvelle opération, pourtant in-
difpenfablement indiquée, puifque la vie du malade dépend de la rétraction du fang extravafé !
Ajoutons encore, qu'on a vu des occafions où il
ne s'eft point trouvé de fang épanché dans la
tête, après l'avoir cherché vainement par des
ouvertures de trépan dans plufieurs endroits de
fa fuperficie, & que les accidens qui l'avoient
fait foupçonner venoient d'autres caufes.

Ces raifons font plus que fuffifantes pour nous
faire connoître de quelle importance il eft de
ne fe déterminer à cette opération, que lorfqu'elle eft vifiblement démontrée néceffaire.
Nous ne nous la permettrons jamais que dans
deux cas où elle nous paroît indifpenfable.
Premièrement, celui où les os du crâne font
enfoncés de manière à comprimer les organes

qu'ils renferment, au point d'interdire les facultés au malade. Si ces facultés ne fouffrent pas
de l'enfoncement des os , quoique fortis de
leur niveau, non - feulement le trépan devient
inutile , mais c'eft hafarder inconfidérément
fans néceffité un moyen dangereux. Lorfqu'on
fera forcé de l'exécuter, les premiers moyens
feront le tire-fond, les élévations, &c. S'ils ne
rempliffent pas l'objet qu'on fe propofe, qui eft
de relever les os enfoncés, on perforera avec le
trépan le rebord de l'os oppofé à celui qui eft
fraɛturé & enfoncé. Comme il eft fixe, il fournit
un point d'appui folide à l'élévatoire, qui doit
concourir avec le tire-fond engagé fur la pièce
d'os enfoncée, à la relever dans fa fituation naturelle, ou autant qu'il eft néceffaire pour voir
ceffer les accidens auxquels fon déplacement
donnoit lieu.

Le fecond cas où il eft abfolument néceffaire
de trépaner, eft lorfqu'un éclat d'une ou plufieurs efquilles d'os piquent ou percent la dure-
mère. Cette opération ne fera même exécutée
dans cette circonftance, qu'après avoir reconnu
l'impoffibilité d'enlever quelque fragment d'os
du lieu de la fraɛture , par l'extraɛtion duquel
on puiffe fe faire un paffage fuffifant pour ap-
préhender avec des pincettes exaɛtement faites,

les efquilles ou fragmens d'os qui occafionnent les accidens qui donnent lieu à cette entreprife.

Les os enfoncés étant relevés, leurs éclats réintégrés, & les efquilles ôtées avec le moins de violence poffible, les plaies faites aux os ou à la dure-mère feront fimplement panfées avec des médicamens doux, tels que le jaune d'œuf avec le miel rofat. Tout médicament fpiritueux, autre que le vin coupé d'eau ou de miel rofat, doit être profcrit, non-feulement des plaies qui pénètrent dans le crâne, mais encore de celles des parties molles qui le recouvrent; car leur action trop ftimulante occafionne des accidens graves, qu'on rapporte mal-à-propos à d'autres caufes. Dès que les plaies font détergées, il n'y a plus d'inconvénient de les panfer à fec, fans tamponner. Il m'a paru que le défaut de fuccès dans le trépan, & la guérifon des plaies à la tête, venoient de l'abus de fe fervir de médicamens fpiritueux, & du tamponnage.

Les plaies du crâne avec perte de fubftance aux os, permettant l'iffue des parties contenues dans leur enceinte, donnent lieu à des fuites fâcheufes, fi on n'a pas la précaution de les contenir dans leur fituation naturelle. Cet objet femble mériter la plus grande attention.

Le

Le meilleur moyen de remédier à la perte de subftance des os, eft la plaque de plomb laminée, percée de quelques petits trous, & placée dans l'épaiffeur des os, à la partie la plus baffe de leur lame interne. Ce moyen artificiel contient la dure-mère dans fa fituation naturelle fans la comprimer : les fucs offeux qui propagent le diploé, engrènent la plaque, & bientôt l'affujettiffent de manière à fuppléer les os pendant le refte de la vie du malade.

Nous terminerons ces obfervations par un réfumé général & fuccint des propriétés reconnues de l'alkali-volatil-fluor, tant d'après nos expériences particulières, que d'après celles qui en ont déja été publiées tout récemment par M. Sage, afin d'étendre & multiplier autant qu'il eft poffible dans la fociété, la connoiffance des fecours qu'elle peut tirer de ce merveilleux fpécifique, en l'éclairant fur l'application falutaire qu'on en peut faire en différentes circonftances, & fur la manière de l'adminiftrer utilement & fans inconvéniens.

Nous difons que *l'alkali-volatil-fluor-ammoniacal*, non-feulement eft un puiffant ftimulant, mais qu'il agit encore en fe combinant avec les efprits volatils, acides & coagulans du fang & de la lymphe, qui embarraffent le poumon , la fubftance molle du cerveau , & même la contexture générale de la machine.

Sa combinaifon avec les acides méphytiques, en neutralife & détruit promptement les effets terribles ; & fa vertu ftimulante & tonique rétablit avec la même activité le fentiment des organes fortuitement perdu. Il opère en même temps la réfolution du fang extravafé par la rupture des vaiffeaux fanguins, à la fuite de quelques chutes ou coups confidérables, & prévient fans autre agent les effets funeftes qu'occafionne fon alkalefcence ou altération , lors de la réforption qui s'en fait dans la circulation. C'eft cette qualité réfolutive & reftaurative du fang coagulé , qui le rend efficace contre la morfure des reptiles venimeux, dont l'acidité caufe extravafation de fang & ecchymofes à l'endroit mordu & aux environs, ainfi qu'on peut le voir dans les Mémoires de l'Académie , année 1747 , à l'occafion de la morfure d'une vipère , faite au fieur Vital, herborifte , à une herborifation au haut de Montmorency, le 25 juillet de la même année, dont M. Bernard de Juffieu a donné la relation , & ainfi que je l'ai obfervé moi-même, comme témoin oculaire, étant à cette herborifation ,

& ayant fuivi la cure du fieur Vital jufqu'à fa parfaite guérifon.

Le même *alkali-volatil-fluor-ammoniacal* eft encore reconnu comme le principal remède, le plus prompt & le plus fouverain, pour combattre toutes les afphyxies caufées par les acides volatils coagulans ou fuffoquans : tels font les moufettes, les acides des fermentations vineufes, les vapeurs acides & méphytiques qui fe dégagent des charbons embrafés, ou qui s'exhalent de quelques fouterrains, & en général de tous les lieux où l'air n'eft point renouvelé & croupit fur lui-même. C'eft ce même air fixe & concentré dans le poumon, qui occafionne l'afphyxie dans les noyés. Tel eft encore l'acide coagulant qui fe trouve dans la morfure de la vipère, dans la piquure du fcorpion, des abeilles, fourmis, frêlons, & autres infectes qui font répandus fur la fuperficie du globe. Enfin, il détruit l'effet fubtil & délétère des flèches, aiguilles & armes empoifonnées des peuples fauvages. Il préferve de la mort ceux qui auroient le malheur de manger du fruit du mancanillier (*a*), ou d'être feulement touchés

---

(*a*) Arbre laiteux très-commun aux Antilles & dans plufieurs parties de l'Afrique, qui produit des pommes

par le fuc qui découle de fon écorce, de fes feuilles & de fes fleurs, dont les effets font auffi prompts que ceux qui réfultent des bleffures faites avec les armes empoifonnées des peuples chez qui cet arbre croît ; ainfi que quelques autres plantes dont les fubftances font également mortelles, telles que la liane ou béjuque (*b*), l'ahouai (*c*), &c.

---

dangereufes, très-reffemblantes à nos pommes d'apis. Ceux qui, après en avoir mangé, n'avalent pas auffitôt une cuillerée d'huile d'olive, ne peuvent trouver de remède contre la mort. Le fuc qui fe trouve fous l'écorce de l'arbre, eft auffi un poifon fort fubtil, dont les Sauvages fe fervent pour empoifonner la pointe de leurs flèches. L'ombre même du mancanilliei eft nuifible ; & la viande cuite au feu de fon bois, contracte des qualités qui le font auffi.

(*b*) La liane ou béjuque naît dans les marais & les terres noyées de l'Amérique méridionale. Le jus de fa racine, cuite & réduite en firop, fert pareillement à empoifonner les flèches des Sauvages.

(*c*) L'ahouai eft un arbre toujours vert, qui croît aux îles & dans le continent auftral de l'Amérique. Ses fleurs, à quelques nuances près, reffemblent à celles du *nérion* ou lauriei-rofe, qui eft de la même famille. Cet arbre contient un fuc laiteux extrêmement âcre & nuifible. En général, tous les végétaux tithymales ou lactefcens, depuis la campanule jufqu'au figuier, font

Il est préférable à tout autre moyen dans l'apoplexie, sur-tout à celui de la saignée. Il préserve de la paralysie, qui ordinairement en est la suite, & la diminue lorsqu'elle est dé‑clarée, si on persévère de l'administrer à fortes doses, qu'on répète au moins six fois dans les vingt-quatre heures.

On le préconise pour préserver de la rage, lorsqu'on a eu le malheur d'être mordu par un animal enragé. On en met sur la plaie, & on imbibe les linges qui l'enveloppent, dans de l'eau où sera mis un sixième d'alkali-volatil. On le donne en même temps intérieurement à fortes doses.

Appliqué sur les brûlures, il en fait cesser la douleur; s'il s'est formé des cloches, on les coupe, & on recouvre la plaie avec des linges trempés dans de l'eau simple, où l'on a versé un sixième d'alkali-volatil-fluor.

On présume qu'il est efficace pour les coups de soleil, appliqué, comme dans la brûlure, sur

---

indubitablement poisons plus ou moins vifs; & la subs‑tance laiteuse de notre figuier, dont les fruits sont si sucrés, tueroit infailliblement celui qui en boiroit deux ou trois cuillerées.

l'endroit qui l'a reçu , & en le donnant également par la bouche, sur-tout s'il y a mal de tête violent. On peut voir là-dessus les observations publiées par M. Sage , où les propriétés de l'alkali-volatil-fluor , dans bien des circonstances , sont détaillées d'une manière instructive & satisfaisante.

Les doses de l'alkali-fluor dans les cas cités dans mes Observations, y sont indiquées. Peutêtre y sont-elles trop ménagées ; je pense qu'on peut les augmenter dans les cas graves , tels que ceux de l'orgasme annihilé par les chutes , l'apoplexie & l'asphyxie ; mais je préviens que dans tous les cas il faut éviter de blesser par le contact de l'alkali , les organes du goût. On doit même se faire une loi d'en diminuer le goût désagréable , lorsque le sentiment est revenu aux malades : alors on préférera l'alkali-volatil - huileux - aromatique de Sylvius pour l'intérieur , dont la dose est depuis douze gouttes jusqu'à quarante , dans un petit gobelet d'eau commune , ou dans un lavement.

L'eau de Luce , par son état savonneux , a moins de causticité pour l'administrer intérieurement, que l'alkali-fluor pur. La plupart des cures qu'on a obtenues jusqu'ici avec l'alkali-fluor, modifié par l'huile de fuccin, ont été opérées avec celui qui eft connu fous cette dénomination.

Lorfqu'il n'y a point de plaie ni érofion à la peau, on peut baffiner, fans addition d'eau, avec l'alkali-fluor, les endroits piqués par les infectes, la morfure des reptiles venimeux, & même des animaux enragés ; mais s'ils ont fait des dilacérations trop confidérables, & qu'elles foient récentes, il fuffira de lotionner leurs environs avec de l'alkali pur, qu'il fera prudent d'étendre dans de l'eau pour baffiner les plaies, afin d'éviter l'irritation qu'il pourroit occafionner en l'appliquant pur. On veillera en général à ce qu'il ne faffe point de corrofion fur les organes, foit qu'on l'applique extérieurement, foit qu'on le donne intérieurement.

Les dofes où il doit être pris intérieurement, font de fix à dix & douze gouttes dans trois ou quatre cuillerées d'eau, fur-tout lorfque les malades n'ont point la faculté d'avaler. Il vaut mieux le répéter plus fouvent à de moindres dofes, que de les expofer à avoir la bouche corrodée, & les rebuter par fon goût défagréable & mordicant. On calme fes effets avec de l'eau pure, dont on fait avaler un peu, ou qu'on applique fur les parties où il a fait trop d'impreſſion.

On augmentera la quantité d'eau à proportion de la doſe de l'alkali - fluor ordinaire, qu'on peut adminiſtrer à celle de vingt à vingt-cinq gouttes, dans le cas où il s'agit d'exciter un fort ébranlement, pour rappeler le ſentiment & le mouvement de la machine, lorſqu'elle l'a perdu par quelques cauſes décrites ci-deſſus.

Dans tous les cas cités, ſoumis aux propriétés de l'alkali-fluor, il convient de l'appliquer en topique, & de le donner intérieurement le plutôt poſſible ; d'en répéter fréquemment l'uſage dans les circonſtances critiques ; de veiller avec ſoin à tout ce qui ſe paſſe, & ſur-tout de ne jamais ſe rebuter, qu'il ne ſoit bien démontré qu'il ne reſte plus de reſſources pour rappeler le malade à la vie.

Si, lorſqu'on eſt appelé, les progrès du mal ſont conſidérables, au point qu'ils faſſent déſeſpérer de ſon ſalut, on tentera toujours ſur le champ de lui en faire avaler & reſpirer, en lui introduiſant ſa vapeur volatile dans le nez, à la faveur de petits cornets de papier, dont l'extrémité laiffée en dehors fera mouillée. Si le malade n'a pas la faculté d'avaler, ou en verfera au fond de la bouche, étendu dans un peu d'eau, en lui agitant doucement la gorge extérieurement, afin de le faire defcendre dans l'œfophage. On peut auffi le donner à fortes dofes dans des demi-lavemens, qu'on répétera deux & même trois fois, à peu de diftance l'un de l'autre, enfin, jufqu'à ce qu'il demeure pour conftant que tout moyen humain devient inutile.

Il eft abfolument néceffaire que tous les gens de l'art foient munis d'un petit flacon d'alkali-fluor; qu'ils en aient chez eux en réferve, parce qu'en le portant fur foi il fe diffipe, lors même que le flacon eft bien fermé. Les Curés & les perfonnes aifées dans les campagnes doivent en avoir chez elles, afin d'en fournir à ceux qui en auroient befoin, & qui n'auroient pas le moyen ou la facilité de s'en pourvoir.

Il ne faut jamais donner l'alkali-fluor dans des véhicules acides, ni l'affimiler avec des fubftances qui envelopent trop fon action ftimulante, notamment lorfqu'il eft effentiel de redonner de l'énergie aux organes, dont le ton eft perdu ou trop affoibli. Dans tous les cas il eft néceffaire de le laiffer dans toute fon activité, & on évitera de donner aucune boiffon acide ni mucilagineufe : l'eau pure, ou tout au plus panée, doit faire la boiffon ordinaire des malades à qui on l'adminiftre.

Obfervation envoyée tout récemment à l'Auteur par une perfonne de l'art.

Un homme fort & robufte tomba de manière qu'il fe fit une très-violente contufion, & une plaie fans fracture à l'occiput. On le porta à l'hôpital où je l'examinai : il étoit prefque muet, ne pouvant plus dire que *oui*, les yeux bien ouverts & fixes, &c; enfin, il avoit les fignes les plus décidés d'une commotion au cerveau, maladie qui approche beaucoup de l'apoplexie. La pléthore vraie étoit chez lui très-décidée, en conféquence je le faignai deux fois du pied en vingt-quatre heures, & lui ordonnai un mélange avec de l'alkali fluor. J'ordonnai qu'on le fît confeffer d'abord qu'il auroit recouvré la parole, car je craignois que la cure ne fût que palliative. Je l'examinai enfuite; &, comme il paroiffoit fourd depuis fa chute, je lui parlai fort haut à l'oreille, pour voir s'il m'entendroit. Je lui demandai d'abord s'il vouloit aller en paradis; il me répondit que *oui*. Tout le monde fut fatisfait, & en même temps furpris de me voir rire, car je devinois prefque ce qui alloit arriver. Je lui demandai auffi s'il vouloit aller en enfer ; & il répondit encore *oui*, &c. Cependant l'ufage de l'alkali à petites dofes, & fouvent répétées, agit fi efficacement, que, dès l'après-dînée, il parla & fut beaucoup mieux ; il attrapa même fa bouteille, & but tout à-la-fois le mélange qu'elle renfermoit, qui contenoit au moins quatre-vingt-dix gouttes d'alkali. Il en devint furieux, & on fut obligé de le lier à bien des reprifes. Le lendemain il étoit retombé dans fa perplexité. Je le fis purger, & lui ordonnai encore un mélange avec l'alkali. Il fut purgé extraordinairement ; &, quoique ce mélange lui fît du bien, il attrapa une feconde fois fa bouteille, qui le rendit encore furieux, & le guérit enfuite au point qu'il eft forti de l'hôpital le quatrième jour. J'ai fu qu'il s'eft bien porté depuis, & qu'il n'eft guère moins brutal ni moins fou qu'il n'étoit ci-devant (*a*).

(*a*) Il y a toute apparence que le malade dont il s'agit dans cette obfervation, étoit fou avant l'ufage de l'alkali fluor ; car, loin de rendre fou , on guériroit par fon moyen certains genres de folie. Je n'ai jamais vu que ceux à qui j'en ai fait prendre foient devenus fous.

COMPOSITION

DE

L'ALKALI VOLATIL FLUOR.

De l'Alkali volatil, en général.

L'ALKALI-VOLATIL eſt le même dans tous les règnes, animal, végétal & minéral, & ne diffère que par ſon degré de pureté. Il eſt connu généralement ſous les noms d'*eſprit vo‑latil de ſel ammoniac*, d'*eſprit urineux*, d'*eſprit de corne de cerf*, de *ſel d'Angleterre*, & d'*eau de Luce.*

· Cet eſprit, ſous forme liquide, ſe nomme *alkali-volatil-fluor*. On nomme *concret* celui qui eſt ſous la forme de ſel.

L'alkali‑volatil ne ſe rencontre jamais à nu dans les mixtes ; celui qui exiſte dans les végé‑taux, eſt toujours combiné avec un acide, & dans le règne minéral, avec certaines ſubſtan‑ces métalliques, telles que le cuivre, le mer‑cure, &c.

On lui a donné le nom d'*alkali*, parce qu'on lui a reconnu quelques-unes des propriétés qu'on obtient de la plante nommée *kali* ou *foude.* La partie faline qu'on tire de la combuftion des végétaux , fe nomme *fel alkali-fixe.*

L'énergie de l'alkali-volatil diffère , fuivant le procédé dont on s'eft fervi pour le dégager de fa bafe , & les affimilations qu'on y fait d'huiles effentielles , & de fubftances aromatiques.

PROCÉDÉ *pour obtenir l'alkali volatil fluor.*

Il faut mêler exactement une partie de fel ammoniac pulvérifé, avec trois parties de chaux éteinte à l'air, & introduire le tout féparément dans une cornue, en y verfant le même poids d'eau commune que de fel ammoniac. Il faut adapter & luter à la cornue un grand récipient ou ballon percé à fon corps d'un petit trou , qu'on bouche avec une efpèce de fauffet compofé de cire amollie. On procède à la diftillation au feu d'un fourneau à réverbère ; & dans le commencement de la diftillation on laiffera le *foramen* du ballon ouvert ; mais fur la fin on peut le tenir fermé avec le bouchon de cire ou un emplâtre , vu qu'alors le dégagement de l'air n'eft plus à craindre , & qu'il fe feroit une trop grande évaporation, en pure perte, de l'efprit volatil, par ce trou du ballon. La diftillation finie, on entonne l'efprit dans des flacons bien bouchés.

Cet alkali-volatil eft très-fort, lorfqu'on n'en a tiré qu'une livre d'un mélange où l'on avoit employé une livre de fel ammoniac. Celui qu'on obtient par ce procédé, eft limpide & très-pénétrant ; il eft un des plus énergiques. Si on le mêle avec quelque huile effentielle, il eft dans un état favonneux.

PROCÉDÉ *pour obtenir l'Alkali volatil concret, fous forme de fel.*

Mettez une partie de fel ammoniac avec une partie & demi d'alkali-fixe de tartre, dans une cornue de verre ; adaptez-y un fufeau avec le récipient; & le tout bien luté, procédez à la diftillation, au feu gradué d'un fourneau de réverbère. L'alkali fe concrète, & tapiffe les parois du fufeau. On le détache, & on le met dans des flacons bien bouchés, car ce fel s'évapore à l'air. Si on le diffout dans l'eau, il prend le nom *d'efprit de fel ammoniac.*

L'alkali-volatil retiré des fubftances animales, s'il n'eft pas bien féparé de toute l'huile, en conferve l'odeur. En général, les alkalis-

volatils ont d'autant moins d'énergie qu'ils contiennent plus d'huile.

Le fel d'Angleterre eft un alkali-volatil-con-
cret bien rectifié, tiré de la foie. Souvent on
emploie fous ce nom un mélange de fel ammoniac & de chaux éteinte dans un flacon bien
bouché, de forte que le dégagement de l'alkali-volatil par la chaux, fe produit à l'inftant où
l'on fecoue & ouvre le flacon, & s'arrête auffitôt qu'on le ferme. Ce procédé fimple peut
fuffire dans le cas où l'on doit rapeler à la
vie, par l'odorat, les perfonnes tombées en fyn-
cope par foibleffe, ou par les effets d'un air
afphyxique.

*PROCÉDÉ pour aromatifer l'efprit volatil
de fel ammoniac, connu fous le nom
d'efprit volatil huileux aromatique
de Sylvius.*

Prenez *écorces récentes de citrons & d'oranges,*
de chacune fix gros.

Vanille & macis, de chacun deux gros.

Gérofle, demi-gros.

Canelle, un gros.

Sel ammoniac, quatre onces.

On concaffe toutes ces fubftances, & on
les met dans une cornue de verre, où l'on

verfe *eau de canelle fimple*, & *efprit de vin rectifié*, de chacun quatre onces.

On fait digérer ce mélange pendant quelques jours, en l'agitant de temps en temps; & enfuite on ajoute dans la cornue,

Sel de tartre, quatre onces.

On adapte à la cornue un ballon percé d'un petit trou ou *foramen*; on lute exactement, & on diftille au bain - marie : on conferve dans des flacons bien bouchés la liqueur qui en provient. Cet efprit jaunit en vieilliffant, & forme des criftaux dans les flacons. Comme il eft un des moins énergiques, on le donne à plus grandes dofes.

L'eau de Luce eft un mélange & combinaifon d'alkali-volatil avec quelque huile effentielle, telle que de fuccin, &c. Cette combinaifon donne un mélange blanc - laiteux. L'eau de Luce a moins d'énergie que l'alkali-volatil-fluor, mais elle eft moins cauftique & moins défagréable à avaler. Elle tient le milieu entre lui, & celui qui eft aromatifé felon le procédé ci-deffus de Sylvius.

Nous préférons toujours ce dernier pour le donner intérieurement, comme étant moins fujet à éroder les organes de la déglutition, & comme celui dont le goût & l'odeur font

moins

moins rebutans. En doublant ou triplant les doſes, nous avons remarqué qu'il produiſoit les mêmes effets que l'autre, ſans en avoir les inconvéniens.

Il eſt à préférer pour remplir les flacons de poche, vu qu'il ne cautériſe point le nez & la bouche de ceux à qui on le fait reſpirer & avaler; tel qu'il arrive ſouvent des effets de celui qui s'obtient par le premier procédé,

FIN.

9 782014 066593